GRILLE N°1

					7	8		2
7						4		
2		6	3	9				
5				7		3		
1								8
		7		6				1
			8	6	5			3
		9						4
3		2	1					

GRILLE N°2

	8						2	
	9	2	4			6	8	
4					7			
	1	8			5			
			1		4			
			7			8	1	
			9					1
	3	6			1	4	9	
	2						6	

GRILLE N°3

		1	9				8	
4				1			7	
	8							5
					9			
	1	4	6	5	7	8	3	
			8					
6							9	
	5			2				4
	3				4	2		

GRILLE N°4

			3					8
6	5							
	3	2	1				6	
			8		5	6		9
		4				8		
7		8	2		3			
	7				8	3	5	
							9	1
2					1			

GRILLE N°5

		2				8		
		7	9	1				5
				2	6		3	
					8		9	2
				6				
4	7		2					
	6		3	4				
1				9	2	6		
		5				1		

GRILLE N°6

2	8				6			
		5			2			
	9							6
				8	3	9		
8	5			7			4	1
		1	5	2				
6							1	
			3			7		
			9				5	4

GRILLE N°7

	4			9	6			
								7
					4	3	6	
		4	5			6		1
		1				2		
6		3			8	9		
	8	6	3					
7								
			2	4			5	

GRILLE N°8

2	4				6			
						1	8	
		5		3			9	
		9	1	6				4
	1						6	
7				5	8	9		
	3			1		7		
	5	4						
			6				3	8

GRILLE N°9

	6	8			9	2	3	
								5
	7				2		8	
3			1	9			5	
	9			5	4			1
	5		2				7	
9								
	3	7	9			8	2	

GRILLE N°10

				7	8			5
		7						4
	8			5			9	
								3
3	2	5		8		6	7	1
4								
	6			3			4	
9						2		
2			5	4				

GRILLE N°11

3		2	6			8		1
8								9
	6				3			
6		5			7			
			2		6			
			4			5		6
			7				2	
9								5
5		8			2	9		3

GRILLE N°12

	1	2			7			
	6	3	4					
5					9			
	3	8		7		6		
		4				1		
		6		3		4	7	
			6					1
					1	2	9	
			5			8	3	

GRILLE N°13

				1		9	3	
		8		2			5	7
			7		9			
							8	5
6		3				7		9
7	1							
			1		3			
5	3			4		2		
	4	6		8				

GRILLE N°14

2				9	1	8		
								7
	6		8		4		9	
				8		3	4	
7								9
	2	1		3				
	7		4		6		3	
1								
		6	2	7				1

GRILLE N°15

		8	1		6			
								1
1	6				2	5		8
3					7			
5	7						3	4
			6					2
9		5	7				4	3
8								
			3		5	1		

GRILLE N°16

		4						1
		5	2		6			
	8	7					4	5
5					1			
		6				7		
			4					8
9	3					4	7	
			9		3	1		
6						3		

GRILLE N°17

9	5				2			
4	7		6					
					1			
8	4			2				7
6								5
7				4			2	6
			7			5		
					5		1	9
			3				4	8

GRILLE N°18

4	5				7		6	9
	9				5		2	
						7		
		8	3	2			7	
	2			7	8	6		
		2						
	4		5				9	
5	6		7				1	4

GRILLE N°19

8								
	7				8	3		
	5			4			1	
	8	2	9					1
			5		6			
3					2	6	9	
	2			7			5	
		9	6				2	
								4

GRILLE N°20

		4			2			
5				3			6	
8	3			5				
					7	1		6
			1	4	9			
2		7	8					
				8			2	9
	6			9				1
			3			8		

GRILLE N°21

6			5		1			
	3		7				2	
		4		8		7		
	8				6	1		
1								6
			8				4	
		7		5		4		
	4				7		8	
			1		4			9

GRILLE N°22

		4			9	3		
					4			7
8				3			5	
		1				9		8
5			4		7			3
6		9				7		
	8			5				6
1			8					
		5	6			1		

GRILLE N°23

								7
	4				3		8	
	3	5			7	4	2	
1			9	8			7	
	8			7	1			2
	2	3	7			5	6	
	5		3				4	
8								

GRILLE N°24

2	1		3					
	7							9
				5	4		8	2
	6			4				3
3								5
8				6			2	
1	4		2	7				
6							9	
					6		5	1

GRILLE N°25

							8	1
7		5			4			
	9			2				7
	6		5	1		9		
4								2
		8		4	2		6	
6				7			1	
			4			3		8
5	2							

GRILLE N°26

	1				8		9	
			6		2			7
		8		3		5		
		6	7				3	
7								6
	5				3	7		
		5		2		8		
4			5		6			
	3		8				5	

GRILLE N°27

		9			5			
		5		1				
	4				3			2
	6				1	2		3
1				2				6
7		3	8				5	
4			1				3	
				6		4		
			5			6		

GRILLE N°28

9				6	3			
		1						8
	2		8		7	1		
		5						4
	3			7			6	
7						9		
		3	9		6		8	
2						4		
			7	3				2

GRILLE N°29

								8
8	6				5			
3	5	1			8			6
		4		5	6			
	3						2	
			7	8		4		
7			8			9	3	2
			9				4	1
1								

GRILLE N°30

	7				8		3	
8		1						
					9	5		
			8		7		2	5
		8		4		3		
3	9		2		6			
		4	1					
						6		7
	2		6				1	

GRILLE N°31

		1		3				
				9	5	2	6	
2				7				8
							4	
5	2			4			7	6
	6							
3				1				4
	1	8	2	5				
				6		7		

GRILLE N°32

4				5	3		9	
	8						7	
		6	1	7				
7		3	8					
				1				
					7	9		2
				2	6	1		
	5						4	
	1		7	3				5

GRILLE N°33

	9	2	6					
1								
	3	6	5	4	2			
		4					1	2
			8		6			
7	8					9		
			2	9	4	3	5	
								9
					8	7	6	

GRILLE N°34

9					1	2		
			5	4			7	
			9				1	3
7						6		
5	3						4	1
		6						7
3	6				4			
	2			6	3			
		5	1					2

GRILLE N°35

	7				5			3
			9			4		
5	4			1		2		
		1			4			
2			1		8			7
			7			1		
		9		7			8	2
		6			3			
8			5				9	

GRILLE N°36

						3		
	9	3			5			
5	7	1			2	6		
9				2	6			
	1						7	
			4	8				9
		4	2			7	8	3
			8			2	4	
		2						

GRILLE N°37

4							5	1
			4	9				7
		9	5				3	
			1		7	3		9
3		7	9		2			
	4				6	2		
2				8	9			
7	1							6

GRILLE N°38

	8		1	4		2		
	5						9	
				5	3			7
					9	5		1
				3				
8		6	5					
3			7	6				
	2						4	
		4		1	5		3	

GRILLE N°39

4		9					6	
					7			
	8	3	6		5			2
		8		5				
	9	4				7	3	
				6		9		
3			4		1	5	8	
			3					
	2					3		4

GRILLE N°40

2				4				7
				6	1	3	2	
	8			9				
						5		
1		2		5		4		3
		3						
				3			4	
	7	8	2	1				
9				8				5

GRILLE N°41

			8	7			6	
1	5		9					
		3						
9		1			5			2
4								8
7			6			4		1
						3		
					7		1	9
	7			2	1			

GRILLE N°42

9		4				7	5	
7							3	
2			7		5			
	8				9			
4								3
			2				1	
			3		6			1
	2							9
	1	9				8		4

GRILLE N°43

		1		3				9
5			2			4		
				8		6	7	
	8		6					
3	7						9	6
					3		2	
	1	9		2				
		5			8			2
8				5		1		

GRILLE N°44

	7				1			
	6			7				
		9			5			6
		1			3		9	2
7				8				5
9	8		5			7		
8			9			6		
				5			1	
			1				4	

GRILLE N°45

5						1		
		3		6		8		
	8		3	9				
		2			9		8	
4	5						7	3
	9		7			4		
				3	2		6	
		1		7		2		
		5						4

GRILLE N°46

			8				4	
8				9			7	
		9	1			3		
5		2	4		7			
				6				
			2		1	7		3
		4			5	1		
	3			2				6
	2				9			

GRILLE N°47

	9					7		
6			1					
	3		9	8	4			
	5	9			2			
		4				5		
			7			8	3	
			5	1	3		9	
					9			6
		5					2	

GRILLE N°48

						8		2
			3		1			
				6			1	5
4				5		1		
	6		2	3	9		7	
		8		4				3
6	8			9				
			7		6			
5		2						

GRILLE N°49

3				1				4
	8		5					9
						5		
		3			7		6	5
			2		4			
7	2		6			8		
		1						
6					2		7	
4				9				6

GRILLE N°50

		8		3			7	
	4					2		
	3	2	8	4				
		9				4		2
			6		9			
5		6				1		
				5	3	6	2	
		7					4	
	9			2		8		

GRILLE N°51

		5						
	2		7	9		5		
9			3		2			1
7	5			1				
		9				4		
				8			1	3
2			8		3			4
		7		4	5		8	
						9		

GRILLE N°52

		7		2			1	
6					5			2
					6	8		
3						7		5
		1	6		8	2		
5		9						8
		3	7					
1			9					3
	7			1		9		

GRILLE N°53

			2		1	8	3	
				3			9	2
			4			1		
		5	7					1
		3				6		
1					8	2		
		6			4			
2	9			6				
	8	4	1		7			

GRILLE N°54

6		1	8		3			
		2			1			
7	9			2				
	8				6	9		
		4				2		
		5	3				8	
				4			9	7
			1			8		
			9		8	9		4

GRILLE N°55

8	9	4		5				
			2			8	3	
	5						9	
4					8			6
1			9					7
	4						2	
	1	6			3			
				6		9	5	3

GRILLE N°56

6				8			2	
	3		5					1
				9		4		7
		9	7					
	8	4				2	7	
					8	5		
2		6		5				
3					9		5	
	9			3				6

GRILLE N°57

1		4						7
						3		2
8	3	7	5					
	9			8	2	1		
		2	7	5			4	
					3	9	6	1
6		3						
9						5		3

GRILLE N°58

					5	3		
	6	2						
5					2			7
			2		7		9	1
		9		3		4		
7	8		6		4			
9			4					6
						5	4	
		8	1					

GRILLE N°59

6						3		
	1		8					6
		5		1				9
					8			
1	5		2	3	9		6	7
			6					
3				4		5		
7					5		4	
		2						8

GRILLE N°60

9	1	2	5					
						9	5	
	7	5				1		
8				7	3		4	
	2		4	6				1
		3				2	8	
	5	4						
					7	6	3	5

GRILLE N°61

	7		4		1			
		5		8		9		
3			9					2
8					7	1		
	1						7	
		7	8					5
5					9			8
		9		4		5		
			1		5		6	

GRILLE N°62

	2				3			
8					9	1		4
							3	5
	8	9	2		1			
		7				9		
			9		4	6	5	
4	6							
1		2	3					6
			1				9	

GRILLE N°63

7			3					
	4					8		
	6		4	5	2			
	9	4			1			
		2				9		
			8			5	6	
			9	3	6		4	
		9					1	
					4			7

GRILLE N°64

	2	9			5			
3					7			
	8	6	3					
	1	4		9			7	
	3						1	
	7			4		9	2	
					1	7	9	
			6					5
			4			3	8	

GRILLE N°65

2			8		6			
3				1				
	1			3		7	6	
		7			1			
	5			4			3	
			9			4		
	2	4	7				5	
				8				9
			2		4			7

GRILLE N°66

	2					7		
				1	8			6
	5			4			8	
3			4				7	
2		7				1		4
	8				3			9
	1			6			9	
9			1	3				
		2					5	

GRILLE N°67

9						7		6
					6	9	3	1
3		6						
		5	2	7			4	
	9			8	5	1		
						6		5
8	6	2	7					
1		4						2

GRILLE N°68

	1	9			7			
				6	8			5
5			4					
					2		9	6
		6		3		4		
7	9		6					
				9				7
3			7	4				
			3			5	4	

GRILLE N°69

		1						
4	9		8					
			2	6			3	
8		4			9			5
7								2
6			3			7		4
	6			5	4			
					6		4	8
						1		

GRILLE N°70

	4					8		
		5			6			1
		7		1			6	
			2					
6		9	4	7	3	5		2
					8			
	6			9		3		
9			8			2		
		2					7	

GRILLE N°71

6	1			8				
		4			3			
8				1			5	
					2	7		5
			7	4	9			
3		2	6					
	5			9				7
				1			6	
				6			3	9

GRILLE N°72

			8		7	5		4
				3		9	6	
			4					3
6			5				7	
3								1
	7				8			2
7					4			
	6	9		1				
5		1	7		6			

GRILLE N°73

			6	1				9
7							2	
	2		5		7	3		
4							8	
		1		5		6		
	9							5
		7	1		9		6	
	4							3
3				6	5			

GRILLE N°74

3						5		
				6	2		7	
9				8				2
	4		8					5
	3	5				6	8	
2					4		1	
6				7				1
	1		6	4				
		3						9

GRILLE N°75

					3	4		
7		8				9	2	
				9		1	3	
	5	7	8					
			5		7			
					6	7	4	
	8	5		1				
	7	1				6		2
		2	3					

GRILLE N°76

8		2			3		5	
7		1				6	4	
5			6					
9					8			
			7		9			
			3					5
					2			4
	3	8				5		1
	5		1			9		6

GRILLE N°77

						3		8
		4			7			
3					1		2	7
	3	6	8		4			
	4						5	
			7		2	9	4	
8	7		4					9
			1			2		
6		1						

GRILLE N°78

	2			9			4	
4			2	6				
		1					5	
	3				6			4
1		8				2		7
6			7				8	
	1					8		
				2	3			9
	5			7			3	

GRILLE N°79

		2					1	4
3			7		2			
				6			3	
4	6				5		9	
		9				1		
	3		9				4	6
	9			3				
			4		8			2
5	2					4		

GRILLE N°80

			4			1		
4	9		5					3
6		3						
			1		6	7	3	
	2						1	
	1	8	9		4			
						5		7
8					1		4	6
		9			5			

GRILLE N°81

			6					4
	5	6	7			2		
2		8						
			4		8		2	3
	1						4	
9	4		5		6			
						3		7
		9			4	8	6	
5					7			

GRILLE N°82

	8			7		1		2
		9	1					5
	2				6			
			2				7	
		5	4		7	8		
	7				5			
			9				3	
6					1	4		
4		8		5			6	

GRILLE N°83

	8							
		5	6			3		
3		9	8			6		7
		8		5	4		2	
	9		2	8		5		
7		1			8	9		6
		3			6	7		
						5		

GRILLE N°84

5		6			8		2	4
	4		5		6			
								5
3					1			
2		1				3		7
			6					8
4								
			3		2		5	
9	2		1			7		3

GRILLE N°85

						9	1	
	6			3		2		
4		7			8			
	2		1	8				7
		1				8		
5				6	9		2	
			8			3		9
		3		1			5	
	7	6						

GRILLE N°86

5	3							
7		9		6				
			8		7			
	9			4				2
		7	3	2	6	8		
4				5			1	
			2		1			
				7		1		5
							9	3

GRILLE N°87

					9			
	6	9						1
4		8	5		6		9	
		7		3				
9		2				6		7
				8		4		
	1		8		3	9		4
3						7	6	
			2					

GRILLE N°88

5		2			6	9	1	
						3		
	4		1		2			
		8			7			
2		5				1		6
			6			2		
			7		4		3	
		4						
	1	3	8			4		7

GRILLE N°89

4		6			9			
				7		3	6	5
5								7
	2		6				3	
	1				5		8	
9								3
7	4	5		2				
			4			2		8

GRILLE N°90

	8			9			4	
				1	4			7
	5					3		
2			9				3	
5		3				1		9
	4				2			6
		5					8	
6			1	2				
	1			7			6	

GRILLE N°91

	4		5	9	3			
2			6					
	5					1		
	8	5			7			
		3				8		
			1			9	4	
		8					7	
					5			2
			8	6	4		5	

GRILLE N°92

4	6		5					7
			7				9	
		5			2			
			9	4			3	
8								6
	5			3	7			
			1			8		
	2				3			
1					9		7	4

GRILLE N°93

		7					4	
			9	2	4		8	
					1			6
			5			4	3	
		3				9		
	8	2			7			
6			4					
	4		8	1	3			
	5					3		

GRILLE N°94

	6				7			
		1	6	8		2		
	8			3				
5			2				9	
3		7				6		5
	4				9			8
				9			7	
		3		2	6	5		
			7				4	

GRILLE N°95

	2					1		
	3	5	7	8				
		9		3			4	
		6				5		8
			4		5			
3		2				4		
	1			7		9		
				2	9	3	7	
		3					2	

GRILLE N°96

	7							
4			6					1
5		6	9			4		3
7				9	8		5	
	8		2	7				9
6		4			9	1		5
1					6			7
							9	

GRILLE N°97

	7			4	2			
		8			9			4
	1	9					2	
8	4		7		1			
			3		4		8	7
	6					1	7	
3			6			2		
			4	5			3	

GRILLE N°98

	7			9		4		
3					2			9
					3		1	
8							7	2
	4		3		1		9	
2	6							1
	8		7					
4			6					8
		7		4			6	

GRILLE N°99

			7			4		9
	3			5			2	
				3	1			
		5			8		4	
6	8						9	3
	4		6			8		
			9	1				
	1			4			8	
5		7			6			

GRILLE N°100

		2	3		7			
1		8					7	3
		3					5	
	9				8			
		1				5		
			2				6	
	2					8		
8	6					1		9
			5		4	6		